DE LA
GLYCOSURIE
CHEZ LES ALIÉNÉS

PAR

M. A. LAILLER,

Pharmacien en chef à l'asile départemental d'aliénés
de Quatre-Mares-St-Yon (Seine-Inférieure);
Lauréat de l'Institut (Académie des sciences);
Lauréat et Membre correspondant de la Société impériale de Médecine,
Chirurgie et pharmacie de Toulouse;
Lauréat et Membre correspondant de la société libre d'émulation du Commerce
et de l'industrie de la Seine-Inférieure;
Membre de l'Association normande,
de la Société des Amis des Sciences de Paris, etc.

Deuxième mémoire.

PARIS

IMPRIMERIE DE E. DONNAUD,

9, RUE CASSETTE, 9.

1869

DE LA GLYCOSURIE

CHEZ LES ALIÉNÉS,

Par M. A. LAILLER,

pharmacien en chef, à l'asile de Quatre-Mares.

Il est peu de sujets scientifiques qui aient, dans ces dernières années, suscité autant d'études, autant de travaux que la glycosurie. La physiologie, la médecine, la chimie se sont rencontrées sur ce champ ouvert à leurs investigations; des savants déjà renommés y ont acquis une juste célébrité; des découvertes du plus grand intérêt pour l'humanité, pour la science ont jailli de ce concours d'études et de recherches, et, avec ces matériaux réunis, on a vu s'élever un véritable monument scientifique dont la France peut s'enorgueillir.

Il y a sans doute encore sur ce sujet des points ouverts à la discussion ; le savant et le modeste travailleur y trouveront encore des motifs d'étude, chacun pourra apporter sa pierre à l'édifice et contribuer au couronnement de l'œuvre ; pour nous, qui ne pouvons prétendre au succès d'une découverte ni à l'affirmation d'une théorie, nous voulons simplement présenter quelques observations qui nous ont paru susceptibles d'intérêt, non-seulement au point de vue de la glycosurie, mais aussi à celui de la pathologie des affections mentales.

I

La glycosurie, que nous n'avons pas ici à définir, et dont il serait superflu de retracer l'historique, se présente dans des circonstances assez diverses. Ainsi, sans parler des expériences de M. Cl. Bernard et d'autres physiologistes sur es animaux, on sait qu'une chute, un coup sur la tête, une commotion cérébrale peuvent provoquer le passage du sucre dans l'urine et produire ainsi le *diabète traumatique*.

Chez les femmes en couche, chez les nourrices, l'urine est généralement sucrée, et la proportion de sucre éliminée paraît en rapport avec la sécrétion lactée; cette glycosurie constitue le *diabète puerpéral*.

Dans l'épilepsie, dans les fièvres graves, sous l'influence d'émotions vives, le sucre peut momentanément apparaître dans l'urine; c'est, dans ce cas, la manifestation du *diabète symptomatique*.

Enfin, il existe une glycosurie obscure à son début, souvent lente dans sa marche, presque toujours terrible dans ses effets, opiniâtre aux traitements thérapeutiques, constamment prête à venir frapper de nouveau celui qui a été assez heureux pour échapper à son étreinte; cette glycosurie est, à proprement parler, le *diabète sucré, le vrai diabète, le seul* même auquel certains auteurs veulent accorder ce nom. C'est à ce diabète que nous nous proposons de rattacher les observations que nous allons faire connaître.

II

Dans un précédent mémoire ayant pour titre : « de l'Urine dans l'aliénation mentale, examinée au point de vue de la recherche du sucre, » nous avons signalé un cas de délire aigu, deux cas d'épilepsie dans lesquels nous avons trouvé passagèrement de faibles quantités de glycose ; nous étions en présence d'une glycosurie symptomatique. Mais, de plus, nous avons signalé deux cas que la proportion élevée de sucre éliminée, la durée de la glycosurie, l'absence de toute cause apparente à laquelle cet état pût être rattaché, nous avait fait considérer comme des spécimens de diabète sucré. Dans les recherches que nous avons continuées depuis la publication de notre mémoire, nous avons trouvé un cas analogue aux deux que nous venons de rappeler, et qui, comme ceux-ci, s'est présenté avec des particularités qui nous ont frappé.

Avant d'en faire l'exposé, nous rappellerons succinctement les principaux caractères du diabète, sa marche et sa terminaison.

III

L'homme est incontestablement plus sujet au diabète que la femme ; c'est entre 30 et 50 ans que cette maladie s'observe le plus fréquemment. A part une soif vive, un appétit exagéré, le malade n'éprouve, non-seulement au début du mal, mais encore lorsqu'il existe depuis quelques temps déjà, aucun autre malaise qui puisse lui faire présager le danger qui le menace. Mais les ravages que le diabète cause dans la constitution de quiconque en est atteint ne peuvent se faire attendre indéfiniment. En effet, à un moment le malade s'aperçoit que ses forces déclinent ; l'énergie musculaire diminue ; malgré la quantité souvent considérable d'aliments absorbée, par suite d'un appétit excessif, la maigreur survient ; le cortége si varié de la dyspepsie apparaît ; tout cnez le malade annonce une grande perturbation dans les fonctions de la vie. La peau devient plus ou moins sèche, puis la transpiration se supprime ; la vue baisse le plus ordinairement d'une manière très-sensible ; la puissance génitale faiblit ; et, enfin, le malade succombe à la suite soit d'une consomption lente mais progressive, soit d'affections intercurrentes aux atteintes desquelles se prête d'autant mieux sa constitution délabrée.

Parmi les affections qui surviennent dans le cours du diabète et qui déterminent ou hâtent la mort du malade, il faut citer surtout la phthisie, la cirrhose et les affections cancéreuses. Il en est d'autres encore, moins graves il est vrai, qui surviennent pendant l'état diabétique, ce sont : des troubles nerveux, des paralysies, des cataractes, un eczéma rouge aux parties génitales, des furoncles, des phlegmons diffus, des anthrax, etc.; quelques diabétiques échappent à ces affections symptomatiques, mais, généralement, on les observe soit en groupe, soit isolément.

Dans le diabète, l'urine présente un caractère distinctif qui décèle le danger, et qui, de plus, annonce la marche du mal dans son aggravation comme dans son décroissement. Il est vrai que certains auteurs prétendent que le diabète persiste souvent quand les urines ne contiennent plus de sucre. Nous n'avons pas à discuter la valeur de cette assertion ; nous comprenons aisément que le jour même où les urines cessent d'être sucrées, le malade, dont la constitution a été profondément atteinte, ne peut instantanément recouvrer la santé ; nous comprenons encore qu'il peut rester un temps plus ou moins long, suivant son âge, son tempérament, son genre de vie, exposé à une récidive ; mais il nous semble néanmoins que lorsque la constitution s'est raffermie, lorsque depuis plusieurs mois, les urines ont cessé de charrier du sucre, le sujet ne peut plus être compté au nombre des diabétiques.

Le sucre est donc le principe morbide qui caractérise l'urine des diabétiques. Il s'y trouve en proportions très-variables, depuis 2 grammes jusqu'à 60 grammes par kilogramme. Quelquefois, la quantité s'élève jusqu'à 100 grammes, et peut même, au dire de M. Bouchardat, atteindre 150 grammes. La densité des urines sucrées est toujours augmentée ;

elle s'élève à 1,030, 1,040 et 1,050. Ces urines sont ordinairement pâles ; leur saveur est sucrée, leur odeur est fade. Quelquefois elles contiennent de l'albumine, ce sont les cas graves. Nous avons eu occasion de constater la présence très-accentuée de l'albumine dans l'urine d'un diabétique, six jours avant sa mort.

Les procédés employés pour reconnaître la présence du sucre dans une urine sont nombreux et pour la plupart d'un usage facile ; ils ne demandent qu'un peu d'habitude de la part de l'opérateur, et certains soins qu'on ne doit jamais négliger dans les recherches de chimie organique.

La quantité d'urine sécrétée dépasse la quantité normale, et pendant le cours de la maladie, on observe des oscillations, souvent difficiles à expliquer, tant sous le rapport de la quantité d'urine émise que sous celui de la quantité du sucre éliminée.

En regard de cet exposé très-succinct des caractères pathognomoniques du diabète, nous allons présenter les trois observations suivantes.

IV

1re OBSERVATION (1). B.. entré à l'asile de Saint-Yon, le 4 décembre 1847, est âgé de 49 ans. Il est de taille moyenne sans embonpoint, mais aussi sans maigreur ; son teint est jaune sans toutefois présenter le caractère bilieux. Atteint de folie mélancolique chronique, il a eu, depuis son entrée à l'asile, des périodes de calme et des moments de violente excitation ; nous n'avons aucun renseignement au point de vue de l'hérédité, mais il paraît que son intelligence maintenant

---

(1) Grâce à l'obligeance de M. le docteur E Dumesnil, nous avons pu puiser dans les cahiers d'observations médicales les renseignements qui nous étaient nécessaires sur l'état mental des aliénés dont nous avons examiné les urines. Nous sommes heureux de pouvoir publiquement l'en remercier.

très-affaiblie a toujours été insuffisante. Il répond à peine aux questions qu'on lui adresse ; il vit au milieu des autres aliénés dans un isolement complet. A l'époque où nous avons examiné ses urines, il était occupé à des travaux de terrassement et se trouvait dans une période de calme qui dure encore présentement.

Ses urines examinées pour la première fois le 7 juillet 1867, contenaient 50 grammes de sucre par kilogramme nous avons dans nos expériences sur le diabète proprement dit, négligé les fractions de gramme, elles n'ont dans ce cas aucune importance); le 9 juillet, elles en contenaient encore 50 grammes ; le 13, 43 gram. ; le 16, 38 gram. ; le 17, 42 gram. Ces urines avaient les caractères physiques des urines sucrées. La quantité ne pouvait en être appréciée, le malade ne séjournant pas dans les quartiers, mais on constatait que pendant la nuit elle était abondante.

L'état général de cet aliéné ne présentait rien d'anormal ; sa respiration se faisait régulièrement, il en était de même de la circulation ; les fonctions digestives n'étaient nullement troublées ; *la soif et la faim n'avaient rien d'exagéré*, souvent même B..... refusait la boisson rafraîchissante qui est distribuée dans le cours de la journée, pendant les chaleurs de l'été, aux malades qui travaillent dans les champs ou dans les ateliers. Appartenant à la classe des indigents, il avait pour nourriture le régime que le règlement ministériel accorde à cette classe ; ce régime, qui a été amélioré dans ces dernières années, se compose de :

Soupe grasse cinq fois par semaine, soupe maigre les autres jours, viande (bouilli ou ragoût) quatre fois par semaine, charcuterie deux fois par semaine, légumes verts ou secs, poisson salé, œufs, fromage, beurre, fruits, confitures; la boisson usuelle est le cidre.

Il nous a paru utile d'entrer dans ces détails d'alimentation, à cause de l'importance qu'on lui accorde dans l'étiologie du diabète, et surtout dans le traitement de cette maladie,

Les forces musculaires du malade étaient parfaitement conservées, il était considéré même comme un des meilleurs travailleurs ; sa peau était sèche, il est vrai, mais cependant ce caractère du diabète n'était pas très-saillant. On n'observait sur la peau ni furoncles ni eczéma.

Examinées le 14 septembre, les urines de B.. contenaient encore 36 grammes de glycose ; le 28 du même mois, c'est-à-dire quatorze jours après, elles n'en contenaient plus. Nous avons continué tous les jours cet examen jusqu'au 10 octobre sans pouvoir signaler la présence du principe sucré.

Plusieurs fois pendant l'année 1868, nous avons soumis les urines de ce malade aux réactifs usités dans ces recherches et tous nos essais ont été négatifs. Toutefois, nous avons observé que ces urines étaient constamment pâles et présentaient les caractères des urines dites nerveuses.

2me OBSERVATION. F.... est entré à l'asile de Quatre-Mares, le 20 octobre 1860 ; il est âgé de 39 ans. Ayant toujours été d'une faible intelligence, il est arrivé aujourd'hui à un état d'imbécillité maniaque. Il s'est marié en 1850 et n'a pas eu d'enfants ; ne sachant ni lire ni écrire, il n'a pu être que journalier ; d'un caractère violent, emporté, il adressait, pour la plus légère contrariété, des invectives à sa femme. Plus tard, un sentiment de jalousie à l'égard de sa femme s'empara de son esprit, son irascibilité naturelle s'accrut, et, dans un accès de fureur, il se précipita sur sa compagne, la terrassa et la traîna par les cheveux jusque dans la rue.

Depuis que ce malade est entré à l'asile, on a plusieurs fois observé qu'il était en butte à des hallucinations à de l'ouïe ; parfois, dans des moments d'excitation, il s'est emporté jusqu'à frapper les autres malades. Ses discours sont généralement niais, enfantins et quelquefois d'une obscénité repoussante ; parfois aussi, il se livre à des actes qu prouvent que ses appétits vénériens ne sont point atteints.

Une des tantes de ce malade est aliénée.

F........ présente le type de l'obésité ; il pèse 99 kilogr.
Sa tête est petite, ronde ; sa face est large, pleine, fortement
colorée ; sa taille est moyenne et son ventre mesure 1ᵐ 10
centimètres.

Ses urines examinées le 19 juillet 1867 contenaient 60 gr.
de sucre par kilogramme ; le 20, 58 gr. ; le 21, 59 gr. ; le 15
août, 52 gr. ; le 28 septembre 50 gr. ; le 9 octobre, 60 gr.
le 7 novembre, 51 gr. Ces chiffres figurent dans notre
précédent mémoire.

Malgré cette quantité de sucre éléminée, l'état physique
est resté, quoique le diabète persiste encore présentement, 26
février 1869, ce qu'il était au moment de l'entrée du malade.

Les fonctions digestives s'accomplissent normalement ;
l'appétit est soutenu, mais sans exagération ; la soif n'est nulle-
ment augmentée ; la langue est bonne. La respiration est lente
et paraît un peu laborieuse. Pouls lent et assez fort. Les forces
musculaires ne sont nullement atteintes ; le malade est
vigoureux, et, malgré son embonpoint, il est d'une grande
agilité ; aucune modification ne s'observe dans les fonctions
de la peau qui, elle-même, n'est le siége d'aucune affection.

Nous devons signaler que, quelque temps avant l'examen
de ses urines, le malade se plaignait de douleurs dans le canal
de l'urèthre. Ces douleurs sont fréquemment accusées par les
diabétiques.

Ce malade a, comme le précédent, le régime alimentaire
de la quatrième classe. On l'occupe soit dans les quartiers,
soit aux travaux de la ferme.

Nous avons repris l'examen des urines de F........ dans
les premiers jours de mars 1868 ; la quantité de glycose était
descendue à 43 gram. Dans le courant de cette année, nous
avons pu constater que la proportion de sucre allait toujours
en décroissant ; notre dernière analyse faite le 26 février 1869
nous a décelé 12 gr. de glycose par kilogramme d'urine.

3ᵉ OBSERVATION. M...... est entré à l'asile de Quatre-Mares
le 10 octobre 1867. Depuis trois ans, il était en traitement

dans un autre asile et le début de la folie remonte encore plus haut.

L'hérédité est ici manifeste ; un frère et plusieurs de ses parents sont aliénés. Une perte d'argent a, dit-on, provoqué la crise.

M...... est âgé de 49 ans ; il est marié et père de famille. Son degré d'instruction est ordinaire, mais on s'aperçoit néanmoins que ses connaissances sont variées. Son intelligence n'est pas sensiblement affaiblie. En proie à un délire de persécution des plus prononcés, il a juré une haine extrême à toute sa famille ; il l'accuse de vouloir sa mort ; tous ses sentiments affectifs sont éteints. A ses yeux, le médecin en chef de l'asile, le personnel médical, les infirmiers cherchent à le faire mourir en mêlant à ses aliments des substances toxiques. Ses paroles sont généralement grossières, et souvent il se plaît à salir ses draps, ses couvertures, ses meubles, etc.

Ayant dit à une des visites quotidiennes du matin, dans lesquelles nous accompagnons toujours M. le médecin en chef, qu'il s'était aperçu en goûtant son urine qu'elle était sucrée, nous l'avons examinée le 2 juillet 1868 et nous y avons constaté la présence de la glycose dans la proportion de 57 gram. pour 1 kilogr. Un mois plus tard, nous y en trouvâmes 52 grammes, et le 17 septembre, la quantité s'éleva à 75 gram. ; le 20 septembre, elle était descendue à 61 grammes. Jusqu'à la fin de l'année 1868 cette proportion est restée stationnaire à part quelques oscillations peu importantes. Depuis le 1er janvier 1869, le chiffre a été constamment inférieur à 60 grammes. A notre dernier examen, fait le 3 février, nous avons trouvé 54 pour 1000 de glycose.

M...... est d'une forte constitution avec tendance à l'obésité. Il ne présente rien d'anormal du côté des voies digestives, ni du côté de la circulation ; son appétit est soutenu sans dépasser les bornes physiologiques ; sa soif paraît assez vive lorsqu'il mange, mais il assure qu'il a toujours bu ainsi en prenant ses repas.

Une particularité importante donne la mesure de la facilité avec laquelle il domine le sentiment de la soif et de la faim. Plusieurs fois on l'a vu, pour différents prétextes, refuser tout à coup toute espèce de nourriture ; on était obligé alors de recourir à l'emploi de la sonde œsophagienne, mais parfois aussi on attendait que le malade, pressé par la faim, redemandât lui-même son régime alimentaire ; c'est ainsi qu'il est resté quelquefois pendant 12, 24 et même 48 heures sans prendre aucun aliment ni solide ni liquide.

Les forces physiques sont parfaitement conservées.

M...... se livre de temps en temps à quelques travaux de jardinage qui ne paraissent nullement le fatiguer. Sa peau n'est point sèche ; sous l'influence de la chaleur et de l'exercice, on observe de la transpiration.

Son régime alimentaire est celui des pensionnaires de première classe. C'est une nourriture saine, abondante, comprenant non-seulement le laitage, la viande de boucherie, la volaille, le poisson frais, les légumes, mais encore les mets sucrés, la pâtisserie, les fruits, etc., etc. Il fait usage pour boisson de vin coupé d'eau, et comme il n'habite la Normandie que depuis quinze mois, on ne peut invoquer à son égard comme cause du diabète l'usage du cidre, ni le climat, qui, suivant certains pathologistes, entrerait dans les causes prédisposantes de cette maladie.

Cet aliéné, pas plus que les deux premiers, n'a reçu de coups sur la tête et n'a fait aucune chute qui puisse éclairer l'étiologie du diabète dont il est atteint.

Ces trois observations présentent, si nous ne nous sommes abusé, des phénomènes particuliers, jusqu'alors inobservés, que nous essayerons de rendre évidents.

V

Lorsque les caractères généraux du diabète se manifestent, lorsque le médecin, pour *confirmer* son diagnostic, examine l'urine du malade et procède au dosage du sucre éliminé, il trouve une proportion de glycose qui peut exceptionnellement s'élever à 100 et même à 150 gram, pour 1000, comme aussi s'abaisser quelquefois au-dessous de 20 grammes, mais qui généralement oscille entre 40 et 60 grammes. Or, nous nous trouvons ici en présence de trois aliénés sécrétant journellement une urine glycosée à 50 pour 1000 en moyenne environ, sans qu'aucun désordre apparent dans leur santé ne se révèle. Qu'il y ait dans le monde des sujets qui éliminent par les urines des quantités relativement élevées de sucre sans le savoir et sans que leur santé en soit altérée, nous n'osons le nier, quoique, toutefois, le nombre doive en être bien restreint ; mais quand, sur 400 aliénés environ, dont on a examiné les urines, on constate que trois d'entre eux sont glycosuriques, qu'ils émettent pendant un long espace de temps une urine diabétique, sans qu'on puisse observer chez ces trois malades aucun des autres caractères pathognomoniques du diabète, il y a là, ce nous semble, un fait en dehors des doctrines pathologiques.

On sait, et tous les traités de médecine mentale en font foi, que chez les aliénés, sous l'influence de la torpeur, de l'indifférence et de l'insensibilité que déterminent les conditions pathologiques du système nerveux, certaines affections intercurrentes ne se déclarent pas toujours avec leurs caractères habituels ; il nous suffira de nommer la phthisie, les pneumonies, les maladies du foie, les fièvres graves ; il est même certaines affections qui ne manifestent aucun des symptômes sur lesquels le médecin s'appuie ordinairement pour établir son diagnostic.

Ne serait-il pas permis de penser, contrairement à ce qui a été avancé jusqu'alors, que le diabète sucré peut également exister dans la folie, en raison des faits que nous avons exposés, à l'état latent et sans les symptômes généraux qui le caractérisent ?

Il ne nous appartient pas, ainsi que nous l'avons dit au

commencement de ce travail, de nous prononcer sur des questions semblables qui sont du ressort de la médecine ; notre seul but est d'appeler l'attention sur ces faits.

On peut objecter que chez nos trois malades, la soif et la faim ont été exagérées sans que ces aliénés aient trahi leurs besoins anormaux ; il n'est pas rare, en effet, de voir des insensés supporter sans se plaindre des opérations communément douloureuses, avoir des plaies gangréneuses, des ulcères étendus, des fractures, sans exprimer des signes de douleur ; mais nous ferons observer qu'il ne s'agit pas ici d'une glycosurie passagère, d'une perturbation momentanée dans les fonctions de la vie ; il s'agit d'une maladie ayant un an et plus de durée et de souffrances auxquelles un aliéné ne pourrait rester aussi longtemps étranger. D'ailleurs, l'exagération de la soif et de la faim n'est pas le seul caractère diabétique qui fasse défaut chez les trois sujets dont nous avons présenté les observations, nous avons également signalé l'absence des perturbations communes aux affections diabétiques.

Nous n'avons pas, toutefois, l'intention de prétendre que tout individu aliéné peut être atteint de diabète sans présenter l'ensemble ou une grande partie des symptômes de cette maladie ; nous pouvons d'autant moins avoir cette idée, que nous nous rappelons avoir été chargé, il y a quelques années, avant que nous eussions entrepris l'examen des urines des malades de l'asile de Quatre-Mares au point de vue de la recherche du sucre, d'examiner l'urine d'un aliéné qui avec les apparences d'une santé florissante, s'était plaint *d'une soif très-vive et persistante*. Nous constatâmes la présence du sucre dans une proportion que nous ne pouvons préciser, mais qui, nous nous le rappelons, était élevée. Ce malade, âgé de 56 ans, tombé dans un affaiblissement intellectuel prononcé, fut soumis à une médication tonique reconstituante. Quelque temps après, la soif diminua en même temps que la quantité de sucre éliminée, et, soit coïncidence, soit corrélation, on constata une amélioration progressive dans les fonctions de l'intelligence à mesure que les signes du diabète s'affaiblissaient.

Ce malade étant rentré dans sa famille avant que ses urines eussent cessé d'être sucrées, nous n'avons pu savoir si le diabète avait fini par disparaître, ou si l'amélioration survenue pendant le traitement n'avait été que passagère.

Du reste, il doit en être de cette maladie comme de toutes celles qui atteignent les aliénés. Lorsqu'on a signalé qu'elles ne se présentaient pas chez les insensés avec leurs caractères habituels, on n'a pas voulu en conclure que dans tous les cas, ces mêmes caractères faisaient défaut. C'eût été avancer un fait contredit par l'expérience.

VI

Le malade de notre première observation n'est plus glycosurique. Depuis seize mois nous n'avons pas trouvé de sucre dans son urine. Le second malade est en voie de guérison, au point de vue du diabète, puisque la proportion de sucre de 60 pour 1000 est descendue progressivement à 12 pour 1000. Chez le troisième, la quantité de sucre semble vouloir décroître. Cependant, ces aliénés n'ont été assujettis à aucun traitement anti-diabétique, on n'a point été obligé de conjurer le mal par les moyens rationnels indiqués par la science et qui constituent la planche de salut des diabétiques dont la constitution n'a pas été trop fortement ébranlée; le régime alimentaire n'a subi aucune modification; les farineux, les fruits, les mets sucrés n'ont essuyé aucune exclusion. Ces aliénés ont vécu de leur existence habituelle, rien n'y a été changé. Il est bon de dire qu'ils se trouvent dans les conditions hygiéniques les plus avantageuses; l'air, ce grand moyen thérapeutique du diabète, ne leur est pas parcimonieusement accordé; la régularité dans les heures des repas, du travail, du repos; des bains de propreté pris fréquemment; une quantité d'aliments solides et liquides régulièrement fixée; l'exercice au milieu d'une vaste propriété, sur un sol sableux et perméable, dans le voisinage d'une forêt, constituent, il faut le reconnaître, des moyens de traitement du diabète.

VII

La recherche du sucre dans l'urine des aliénés a déjà été entreprise tant en France qu'en Angleterre, et les résultats négatifs obtenus ont fait considérer la glycosurie, soit passagère, soit durable, comme très-peu fréquente dans la folie. Dans une note communiquée à l'Académie des sciences (séance du 1er décembre 1851), M. Michéa s'exprime ainsi : « J'ai analysé dans 4 cas d'hystérie et deux cas d'épilepsie l'urine rendue quelques heures après la fin des attaques.— Je l'ai examinée également pendant la durée de la maladie dans 7 cas de *delirium tremens*. — Je l'ai examinée pendant plusieurs semaines dans 6 cas de paralysie générale au 3e degré, dans 5 cas de manie soit aiguë soit chronique et 3 cas de délire partiel ou circonscrit. Or, chez ces 27 sujets, je n'ai pas trouvé le moindre vestige de sucre dans l'urine. »

Quoique les résultats de nos propres recherches consignés dans notre premier mémoire, ne fussent pas aussi complétement négatifs, nous n'avons pu présenter la glycosurie comme un fait fréquent dans la folie; en effet, dans nos tableaux, qui contiennent 274 analyses, nous avons noté un cas de délire aigu avec 2 pour 1000 de glycose dans l'urine; un cas de folie mélancolique avec 5, 20 pour 1000 (glycosurie due à un emphysème pulmonaire); un cas de paralysie générale avec traces de sucre; deux cas d'épilepsie avec une proportion de 1, 75 et de 2 de sucre pour 1000. Enfin, nous avons signalé les deux cas qui font le sujet des deux premières observations consignées ci-dessus. Ces résultats ne nous avaient pas paru suffisants pour conclure à la fréquence de la glycosurie dans l'aliénation mentale.

Mais en considérant qu'un nouveau cas s'est offert à nous chez un de nos aliénés avec un caractère de persistance qui permet de le rattacher comme les deux cas précités au diabète proprement dit, nous nous demandons si cette proportion de trois aliénés diabétiques sur un chiffre de 400 aliénés environ dont les urines ont été examinées, n'implique pas que le diabète sucré ne soit plus fréquent dans la folie qu'on ne l'a pensé jusqu'à ce jour. Il faudrait évidemment pour se prononcer que de nouvelles recherches fussent entreprises et répétées en grand nombre, quelques résultats affirmatifs ou négatifs obtenus isolément ne pourraient en paréille occurrence avoir de valeur ; mais, *à priori*, trois diabétiques sur 400 aliénés du sexe masculin constituent une proportion qu'on ne rencontre pas chez les hommes en possession de leur intelligence.

D'ailleurs, si on considère que le diabète est maintenant généralement regardé comme une névrose, que la folie elle-même, dans ses différentes formes, n'est que la résultante d'un état névropathique, ne peut-on pas admettre que cette dernière, par suite des perturbations apportées dans les centres nerveux, est susceptible d'agir pathologiquement sur les nerfs qui président aux sécrétions et de déterminer des troubles dans l'accomplissement de leurs fonctions physiologiques ?

Le passage du sucre dans les urines des animaux à la suite d'une piqûre faite au bulbe rachidien, dans le voisinage de l'origine des nerfs pneumo-gastriques ; la présence du sucre, passagère il est vrai, mais qui a été constatée par des expérimentateurs et par nous-même dans l'urine de sujets nerveux, impressionnables, à la suite d'une violente émotion, ne montrent-ils pas toute l'influence du système nerveux sur la production de la glycosurie ? Cette influence, du reste, n'estelle pas classiquement enseignée? Qui s'oppose dès lors à rattacher l'étiologie du diabète, chez les aliénés, à la névropathie protéiforme qui constitue la folie? « Tout se lie, dit M. Morel, s'enchaîne et se commande dans l'évolution pathologique des lésions propres au système nerveux. »

Nous résumerons ces aperçus que nous soumettons à l'appréciation des médecins qui se vouent avec tant de succès à l'étude des affections mentales, dans les quatre propositions suivantes :

1° Les caractères pathognomoniques du diabète peuvent, à part l'émission du sucre dans les urines, faire défaut lorsque cette maladie atteint les insensés.

2° Le diabète n'a pas la gravité qui le caractérise habituellement lorsqu'il se présente comme maladie incidente de la folie.

3° Le diabète est plus fréquent chez les aliénés que chez les hommes qui ont conservé l'intégrité de leur raison.

4° L'étiologie du diabète sucré, chez les aliénés, se rattache à leur état névropathique.